生活中的数学

称一称，量一量

（法）纳塔莉·萨亚 （法）卡罗琳·莫德斯特 著 董翀翎 译

中国科学技术大学出版社

安徽省版权局著作权合同登记号：第 12171692 号

ⓒ Copyright 2017，Editions Circonflexe（for Une petite mesure de rien du tout）
Simplified Chinese rights are arranged by Ye ZHANG Agency（www.ye-zhang.com）
本翻译版获得 Circonflexe 出版社授权，全球销售，版权所有，翻印必究。

图书在版编目(CIP)数据

称一称，量一量/(法)纳塔莉·萨亚(Nathalie Sayac)，(法)卡罗琳·莫德斯特(Caroline Modeste)著；董翀翎译.—合肥：中国科学技术大学出版社，2018.1
(生活中的数学)
ISBN 978-7-312-04308-6

Ⅰ.称… Ⅱ.①纳… ②卡… ③董… Ⅲ.数学—儿童读物 Ⅳ.O1-49

中国版本图书馆 CIP 数据核字(2017)第 218594 号

出版	中国科学技术大学出版社
	安徽省合肥市金寨路 96 号，230026
	http://press.ustc.edu.cn
	https://zgkxjsdxcbs.tmall.com
印刷	鹤山雅图仕印刷有限公司
发行	中国科学技术大学出版社
经销	全国新华书店
开本	889 mm×1194 mm　1/24
印张	1.5
字数	28 千
版次	2018 年 1 月第 1 版
印次	2018 年 1 月第 1 次印刷
定价	32.00 元

莉亚和纳托
称重量

这天晚上，莉亚去她的朋友纳托家借宿。

她带着装满她的东西的包来了。

"我的包太重了，我都快拿不动了。"莉亚说。

"它肯定没我的运动包重。"纳托说。

“既然这样，你去把包拿来我们比一比，”莉亚说，“我肯定你弄错了。”

莉亚和纳托两个人都试着拎了下两个包，但是他们都没有办法判断出哪个包更重。

"我有个主意，我们可以试试我奶奶送给我的
老式天平！但是我不知道怎么用……"

"我觉得应该把我们的包分别放在天平的两边，天平就会向重的一边倾斜。"莉亚说。

莉亚和纳托各自把包放在天平两边的托盘上。

"你是对的，"纳托说，"你的包比我的包更重！"

"你觉不觉得你的包比我的包重是因为它比我的包大？"纳托问莉亚。

"不是按大小算的，"莉亚说，"这是由包里装了什么东西决定的。往你包里放点重东西，我们再看看它是不是还比我的包轻。"

纳托往他的运动包里放了三本书。

他又把包放在天平上来和莉亚的包做比较。

"你说得有道理，"纳托说，"这次我的包就变重了！看样子包大不一定就重……我记住了！"

在比较过他们的包后，莉亚和纳托开始考虑他们两个
人谁更重。

"可以确定的是，"莉亚说，"我们不能站到天平的
托盘上，会把它压坏的。"

　　这时，纳托的妈妈走进房间跟他们问好。"呃，看上去你们两个在琢磨事儿！"她说。

　　"我们不知道我们两个谁更重。"莉亚说。

　　"这很简单，"纳托的妈妈说，"我去找我的体重秤。"

莉亚先站上了体重秤。

"你重16.7千克。"纳托的妈妈对莉亚说。

纳托站上了体重秤。

"至于你，纳托，你重17.2千克！"他妈妈说，

"你更重！"

莉亚不开心地看着纳托说："纳托……别觉得你更重，你就更强大！"

"这就是另一回事啦！"纳托笑着说。

纳托的妈妈趁机问他们：

"那你们的眼皮呢？不重吗？到时间睡觉了，

这样你们明天才能精神饱满地去上学！"

莉亚和纳托
量身高

莉亚和纳托今天打算玩多米诺骨牌，但是这副骨牌在架子上，莉亚够不着。

"让我来，"纳托说，"我比你高！"

"那可不一定，"莉亚说，"我在同龄人里算是高的。"

"我们背靠背，就知道我们两个谁更高了。"

莉亚和纳托脱掉了鞋子，并且背靠背站在一起。

"你看，"纳托说，"是我比较高，我都超过你了。"

艾丽斯和麦迪也受邀跟莉亚和纳托一起来玩，他们走进房间。

"你们在干什么呢？"麦迪问。

"我们想知道我们两个谁更高。"纳托说。

"那我们所有人当中谁最高，谁又最矮呢？"

"我有个主意，"莉亚说，"我们都光脚靠着墙站，然后在我们头顶上画条线。这样我们就可以来排列我们的高度了，从最高的，到最矮的。"

莉亚、纳托、艾丽斯和麦迪分别靠墙站好，并互相帮忙用粉笔在头顶处的墙上画了条线。

"我还是最高的，"纳托说，"之后分别是莉亚、麦迪，然后是艾丽斯。"

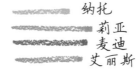

纳托
莉亚
麦迪
艾丽斯

艾丽斯和麦迪走后，纳托琢磨自己是不是比他朋友若纳斯高。不过，若纳斯在自己家里，他生病了不能出门。

"那你打电话给他吧，"莉亚说，"我们总能找到一个帮你们俩比个头的办法，即使你们两个不在一个地方。"

"喂，若纳斯。"纳托说，"你还好吗？我打电话给你是因为我想知道我们两个谁更高……不过，需要我们两个用同样的东西来做比较：一件我们两个都有的东西。"

"我有个主意，"若纳斯说，"你记得我们这个星期从图书馆借了同样的书吗？我们可以用这本书的高度从脚比到头来量。"

"好啊！"纳托说。

"我，"若纳斯说，"差不多有六本书高。"

"我，"纳托说，"比五本书高，但是比六本书矮。"

"你们讲得不太准确，"莉亚说，"应该用更小的东西试，这样你们就可以量准了。"

　　"我有个想法，"纳托说，"若纳斯，你有《我来学数数》那套卡片吗？"

　　"当然有！"若纳斯说。

　　"我也有，"纳托说，"因为卡片都是一样大的，我们可以用卡片来量。"

"我，整整16张卡片高。"若纳斯说。

"而我有整整15张卡片高。"纳托说。

"那就是若纳斯更高了！"莉亚说。

这个时候，莉亚的姐姐昂娜走进房间。

"你们两个用书和这一堆卡片在做什么呀？"

"我想和我朋友若纳斯比个子。我们想到用我们都有的一模一样的东西来比，比如说这本书。但是因为行不通，我们就用了我们的《我来学数数》这套卡片。"

"你们只要测量一下自己的身高就可以了，"昂娜说，"我去找尺子，让你的朋友也这么做。"

"1.05米。"昂娜说。

"1.12米，若纳斯说他妈妈帮他测量的。"

"所以果然还是纳托更矮些。"莉亚说。

"好了……那我们现在开始玩多米诺骨牌吧！"纳托说。

"好的，"莉亚说，"不过，你觉得是蚂蚁大，还是瓢虫大呀？"

"你呀，"纳托说，"你总有这样的问题……当然要测量过后才能知道呀！"